大马警官

　　生肖小镇负责维持交通秩序的警察，机警敏锐。有一辆多功能警用摩托车，叫闪电车，能变出机械长臂进行救援。

喇叭鼠

　　生肖小镇玩具店的老板，也是交通安全志愿者，有一个神奇的喇叭，一吹就能出现画面。

编 委 会

主 编

刘 艳

编 委

李 君　朱建安

朱弘昊　丛浩哲

乔 靖　苗清青

交警叔叔阿姨送给小朋友的礼物！

图书在版编目(CIP)数据

小猪坐汽车 / 葛冰著；赵喻非等绘；公安部道路交通安全研究中心主编. – 北京：研究出版社，2023.7
（交通安全十二生肖系列）
ISBN 978-7-5199-1478-3

Ⅰ.①小… Ⅱ.①葛…②赵…③公… Ⅲ.①交通运输安全 – 儿童读物 Ⅳ.①X951-49

中国国家版本馆CIP数据核字(2023)第078927号

◆ **特别鸣谢** ◆

湖南省公安厅交警总队
广东省公安厅交警总队
武汉市公安局交警支队
北京交通大学幼儿园
北京市丰台区蒲黄榆第一幼儿园

小猪坐汽车（交通安全十二生肖系列）

出版发行：中国出版集团有限公司 研究出版社	策　　划：	公安部道路交通安全研究中心
出 品 人：赵卜慧		银杏叶童书
出版统筹：丁　波		

责任编辑：许宁霄	编辑统筹：文纪子
装帧设计：姜　楠	助理编辑：唐一丹

地址：北京市东城区灯市口大街100号华腾商务楼	邮编：100006
电话：（010）64217619　64217652（发行中心）	

开本：880毫米×1230毫米　1/24　印张：18	字数：300千字
版次：2023年7月第1版	印次：2023年7月第1次印刷
印刷：北京博海升彩色印刷有限公司	经销：新华书店

ISBN　978-7-5199-1478-3	定价：384.00元（全12册）

交通安全十二生肖系列

公安部道路交通安全研究中心 主编

小猪坐汽车

葛 冰 著 杨莉芊 绘

中国出版集团有限公司
研究出版社

小猪哼哼的爸爸是个糕点师，在镇上开了一家蛋糕店，叫呼噜蛋糕店。

一天早晨，小狗贝贝来到了蛋糕店。

呼噜蛋

"小贝贝，你想要哪种蛋糕啊？"哼哼爸爸问。

"妈妈过生日，我手里的钱太少，连最小的蛋糕
都买不起。"小狗贝贝难为情地说。

工作间

5

哼哼爸爸想了想，说："叔叔给你一个蛋糕胚，你和小猪哼哼一起来装饰，送给妈妈怎么样？"

6

贝贝开心极了。

蛋糕装饰好啦！小狗贝贝抱着蛋糕，开开心心地回家去了。

"啊！贝贝忘了拿生日蜡烛和生日牌，我们给他送去。"哼哼爸爸说。

9

哼哼爸爸让哼哼坐在儿童安全座椅上。

"爸爸，爸爸，就让我坐副驾驶座吧，你不认识贝贝家，我坐那儿还能给你指路。"哼哼一个劲儿地哼唧着。

哼哼爸爸拗不过哼哼，只好同意了。

　　坐在爸爸旁边，小猪哼哼别提多美了，
一边看风景一边吃坚果。

突然，汽车轧上石头，颠了一下，小猪哼哼的喉咙被卡住了。

指挥中心：危险报告！危险报告！坐标中心大街，一辆正在行驶的车上，有儿童被噎住了。

为了您的安全，我们一马当先！

幸亏大马警官及时赶到，救了哼哼。

"孩子没坐儿童安全座椅，又在车上吃坚果，这简直太危险了！"大马警官严肃地说。

温馨提示

大马警官使用了"海姆立克急救法",做法是:从背后抱住孩子,用一只手握住另一只手的手腕,在孩子肚脐的上方位置用力向上挤压,重复操作直至异物排出。

19

"孩子坐在副驾驶座，汽车的安全气囊并不能保护到孩子，反而可能会给孩子造成伤害。"

听到大马警官的话，小猪哼哼说："爸爸，爸爸，这么危险，我不坐副驾驶座了，安全带勒得我也很不舒服，我还是去坐儿童安全座椅吧。"

哼哼爸爸和大马警官一起搬走了路上的石头。

"哎呀，我们还要给贝贝送生日蜡烛和生日牌呢！"
哼哼爸爸急忙带着哼哼离开了。

"谢谢哼哼送来的生日蜡烛和生日牌。"

"贝贝，你知道吗？不能在车里吃东西，还有，一定要坐儿童安全座椅……"

安全座椅

安全座椅真神奇，
张开双手保护你。
又舒服，又安全，
出行坐它别忘记。

小朋友们，虽然我们都喜欢妈妈的怀抱，但乘车时让大人抱着可不安全，一定要坐儿童安全座椅哟！

给家长的话

孩子乘车需要正确使用儿童安全座椅

家长朋友们，开私家车带孩子出行，让孩子怎么坐才安全是所有家长应该掌握的重要安全常识之一。故事中的小猪哼哼一家就没有做到安全乘车，被大马警官指出了好几个错误。

请您知晓，以下这些是错误认识！

错误认识一：以为由大人怀抱孩子就安全了。

有实验证明，当车辆以每小时50千米的速度行驶受到正面撞击时，一个10千克重的孩子，前冲力将达到300千克，您怎么可能抱得住孩子呢？脱手而出的孩子很可能与车内物体碰撞，甚至飞出车外造成伤害。

错误认识二：以为给孩子系上成人安全带就安全了。

　　汽车安全带是按照成人正常身高设计的，如果给孩子系上安全带，其位置可能在孩子脖颈处。当车辆紧急制动或发生碰撞时，不仅不能给孩子有效保护，还很可能勒住、割伤孩子颈部，造成新的危险！

　　所以家长朋友们，请为孩子准备合适的儿童安全座椅或者增高垫（增高垫须配合安全带使用）。它们是专门为孩子设计的，在车辆发生碰撞时，可有效将孩子的身体固定在座位上，防止孩子在车内翻滚碰撞或被甩出车外。